飯田線の
EF58

所澤秀樹

創元社

飯田線の歴史とEF58とのかかわり

人は長生きをすると、想像もしなかった出来事に遭遇することがある。鉄道車両でも、似たようなことが起こる。

それは、平成元（1989）年の初秋であった。JR東海が国鉄から継承した電気機関車であるEF58 122号機と、同社が国鉄清算事業団から買い取り動態復活させたEF58 157号機（ともに静岡運転所〔→静岡車両区〕配置）、かかる2両の東海"ゴハチ"兄弟に、その筋の趣味人誰もが予想もしなかったことが起こる。なんと、愛知県の豊橋と長野県の辰野とを結ぶ、か細い山岳ローカル路線の飯田線全線において、EF58を運用することが正式に決まったのである。多くの人は、なんとも"場違い"な展開と思ったに違いない。

飯田線の起こり

飯田線といえば、ご存じのとおり太平洋戦争中の昭和18年8月1日に、豊川鉄道、鳳来寺鉄道、三信鉄道、伊那電気鉄道という四つの私鉄を、時の鉄道省が戦時買収し国有化した路線である。つまり、もともとは「軽便鉄道法」「地方鉄道法」により免許敷設された鉄道線であり、一部には「軌道法」の前身「軌道条例」特許の軌道線を起源とする区間まであった。したがって国有化時、その諸施設は本来

の鉄道省線（国有鉄道）の規格に遠く及ぶものではなかった。

日本国有鉄道（国鉄）からJR東海へ引き継がれた近年の段階でも、まだまだ線路施設は幹線系線区に比べて貧弱そのもので、とくに北部の旧・伊那電気鉄道区間は急曲線や急勾配が今でも随所に点在する。複線区間も南端の豊橋〜豊川間のみで、大部分が単線である。元私鉄ゆえに、交換駅の線路有効長も短く、構内設備も実にこぢんまりとしている。ただし、交換駅の数、それ自体は多い（近年、棒線化された駅もあるが）。

ちなみに先の四私鉄はいずれも電化されており、結果、国有化時には日本で最長の電化路線、最も長い電化の省線となった（もっとも国有化時は、天竜峡以南が直流1500V電化だったのに対し、以北の旧・伊那電気鉄道区間は直流1200V電化であったため、電動車の直通運転はすぐには叶わなかった）。当時、起点豊橋付近の東海道本線も、終点辰野付近の中央本線も、まだまだ未電化で、蒸気機関車が幅をきかせていた。

全長195.7キロ、92駅

飯田線といえば、駅の数が滅法多いことでも知られる。愛知県、静岡県、長野県にまたがった豊橋〜辰野間195.7キロ

（営業キロ、平成13年4月1日実施の天竜峡〜時又間線路付替前は195.8キロ）に、なんと92もの駅を擁している（起点の豊橋は東海道本線帰属、終点の辰野は中央本線帰属ゆえカウントしていない）。

平均駅間距離は約2.1キロ、都市部の通勤電車線並みで、旧国鉄の地方路線としては、紛れもなく異色の存在だ。少しでも乗客を獲得しようと、集落あれば山の中でもそこに駅を設けた結果である。これも私鉄のDNAといえようか。ただ、深山幽谷の旧・三信鉄道区間では、利用者のきわめて少ない駅もあり、開業当時ですら1日の乗降客数が田舎のバス停並み、といったのもあったと伝えられる。

現在、もっとも駅間距離が短いのは、静岡県内の出馬（いずんま）〜上市場間0.6キロ。ここもけっこう山深い土地だ。

栄光の急客機、EF58

さて、飯田線での運用開始を"場違い"とも思わせたEF58である。それについては、くどくど蘊蓄（うんちく）をたれるのは甚だ野暮だが、まったくふれないのも締まらないので、経歴を簡単にのべる。

EF58形は、かつて天下の東海道本線において「つばめ」「はと」「さくら」など第一級の特別急行列車を牽いた、戦後の国鉄を代表する旅客列車用の直流電気機関車である。趣味人は"栄光の急客機"などとも呼ぶ。性能的には、足は速いが力は劣る、といったところで、勾配の少ない平坦線を最大編成の客車列車（仮に客車を10両以上連結しても、貨物列車に比べ、遙（はる）かに荷は軽い）を高速で牽引する（けんいん）ことに長（た）けている。

このEF58は、国有鉄道の運営母体が運輸省鉄道総局時代の昭和21（1946）年から公共企業体「日本国有鉄道」（国鉄）時代まで、途中、中断はあったものの、12年間という長きにわたり製造された。全盛期には172両もの仲間が、東海道本線はもちろんのこと、山陽本線や東北本線上野口、高崎線・上越線に信越本線（海線）といった主要直流電化幹線を、名だたる特急・急行列車を牽き東奔西走したのである。

だが、国鉄の末期には、さすがに寄る年波には勝てず、昭和60（1985）年ごろまでに全機が引退するはずだった。けれども、引退が近づくにつれて、趣味人の間で人気が爆発する。あまりの"ゴハチ"人気のもの凄さに、末期の国鉄関係者も残せば儲かるとでも考えたのだろうか（末期の国鉄は増収のためなら、なんでもする勢いであった）、残存機の動態保存を決定、それを継承したJR東日本（61号機と89号機を継承）、JR東海（既述のとおり122号機を継承、157号機を動態復活）、JR西日本（150号機を継承）の各社も、先人の意志を受け継ぎ、平成の御代まで現役で活躍させたという次第（老朽化により、現在は全機引退）。

あまりにも簡単すぎる説明だったが、以上の話を聞かされれば、複線電化の大幹線を長い編成の客車を連ね、足早に駆け抜けていくEF58の姿を連想されよう。実際のところ全盛期には、それがごく当たり前の姿であった。だから、飯田線のごとき私鉄買収路線で単線の線路は貧弱そのもの、急曲線や急勾配も点在してス

ピードものらないローカル線なんぞで、EF58が運用されると聞いた多くの趣味人は、平成元年の当時、耳を疑ったものである。

なぜ、JR東海は"場違い"なる飯田線において、EF58の運用を決めたのだろうか。それの説明に入る前に、せっかくだから飯田線の歴史についても概観しておこう。

豊川鉄道、鳳来寺鉄道の開業

"飯田線の歴史"は明治30（1897）年に始まる。この年の7月15日、豊川鉄道が豊橋（→吉田→現・豊橋）～豊川間を開業、続いて同月22日には豊川～一ノ宮（現・三河一宮）間も開業する。これがまさしく"飯田線ことはじめ"であり、開業当時は「私設鉄道条例」（「私設鉄道法」の前身）で免許された蒸気鉄道であった。

豊川鉄道の敷設計画は、士族援産の一方法として、豊川稲荷参拝客の便を図ることを主目的に、旧吉田藩士らが最初に発案したものである。仔細は省略するが、明治27年6月、路線を大海までとする条件で第4回鉄道会議で採択。明治29年1月に鉄道敷設が免許され、同年2月1日に豊川鉄道株式会社が創立を果たす。そして、明治33年9月23日には、免許区間の大海（→長篠→現・大海）までを全通させている。

その先への路線延長は、別会社の鳳来寺鉄道の手によった。東三河、奥遠江および南信濃を連絡して、沿線山間部の資源を開発するとともに、名刹鳳来寺参詣の便をはかる、というのが鳳来寺鉄道の免許申請理由であった。大正10（1921）年5月9日、長篠（大海を改称）～三河川合間の地方鉄道が免許され（「地方鉄道法」による。この法律は「私設鉄道法」と「軽便鉄道法」を一本化したもの）、同年9月1日に鳳来寺鉄道株式会社が創立する。同社は、本社を豊川鉄道株式会社内に置き、一部役員も両社兼務となっていた。また、事務の一切も豊川鉄道が行った。

大正12年2月1日、長篠（現・大海）～三河川合間の鉄道路線が開業。大正14年7月には、豊川鉄道、鳳来寺鉄道は共に直流1500Vの電化を成す。

伊那電気鉄道の開業

視点を飯田線の北部に転じてみよう。明治の中頃、官設中央鉄道（のちの中央本線）の誘致で木曽谷に敗れた伊那谷では、同鉄道の辰野停車場と伊那地方の中心地飯田とを結ぶ天竜川沿いの鉄道敷設を、地元資本により実現させようとの動きが活発化する。

辰野停車場開業の翌年となる明治40（1907）年9月30日に伊那電車軌道株式会社が創立、明治42年12月28日に辰野（西町）～松島（現・伊那松島）間に「軌道条例」特許の軌道線が開業した。この路線の多くは、三州街道（伊那街道）上の併用軌道だったが、長野県下初の私鉄であり、初の「電車」運転でもあった。架線電圧は直流600V。なお、起点の辰野（西町）は、国有鉄道辰野停車場から300mほど離れていた。地元の馬

夫組合の強固な反対運動の結果という。

　伊那電車軌道は、明治45年5月に伊那町（現・伊那市）まで路線が延びるも、軌道（路面電車）では速度も遅く、輸送力も小さいので、伊那町以南への延伸は「軽便鉄道法」により免許下付の軽便鉄道となる。

　一方、北側も大正5（1916）年11月23日に国有鉄道辰野停車場乗り入れを実現、大正12年3月16日には辰野〜松島間の軌道線（併用軌道）を廃止、別線の辰野〜伊那松島間地方鉄道（「地方鉄道法」により免許下付）が開業した。それに先んじて大正8年8月20日、社名を伊那電車軌道から伊那電気鉄道に変更している。

　南側については大正12年8月3日、飯田まで開業、同日に辰野〜飯田間の全線を地方鉄道に改め、大正14年1月10日、架線電圧も直流1200Vに昇圧した。さらに伊那電気鉄道は、飯田〜天竜峡間の鉄道敷設権を持つ飯田電気鉄道を大正13年7月に吸収合併していた。そして、昭和2（1927）年12月26日、天竜峡まで路線を延伸させるのであった。

　この段階で、のちに飯田線に化ける電化の地方鉄道は、南の豊橋〜三河川合間と北の天竜峡〜辰野間が成立したことになる。

三河川合〜天竜峡間の難工事

　南の終点、三河川合は豊川水系宇連川の上流部に位置し、そこから山を登って分水嶺の峠を越えると、天竜川水系大千瀬川の支流相川の上流部に至る。その相

川・大千瀬川の谷に沿って下流方向に進めば、佐久間で天竜川本流の峡谷に出られる。かかる地形から、三河・遠江と南信濃を行き来する人々は、三河川合〜天竜峡間の鉄道開通を待ち望んでいた。また、豊かな水量を誇る天竜川は、電力産業の振興に魅力的だが、ダム建設等には物資の輸送ルート確保が必須であった。

　期待高まる三河川合〜天竜峡間鉄道の建設は、豊川鉄道と電力資本との協力により昭和2（1927）年12月20日に創立された三信鉄道株式会社の手で、南北双方から進められる運びとなった。

　けれども、佐久間と天竜峡の間の天竜川峡谷は、峻嶮極まりない厳しい地形に加え、中央構造線に沿った軟弱な地質帯であり、その工事は容易ならざるものであった。大正15年に一度、この区間の鉄道建設が出願されているが、時の鉄道大臣仙石貢は、かような山間の難工事は民間の手ではとうてい不可能として認可しなかった。昭和2年7月19日、鉄道大臣小川平吉のときに、ようやく三河川合〜天竜峡間の地方鉄道敷設免許の下付が実現するのだった。

　が、地形・地質複雑なる天竜川峡谷ゆえ、まずもって測量が困難を極めた。そのため、北海道や朝鮮での鉄道測量に従事し、手腕が内地でも知れ渡っていた旭川出身のアイヌ酋長・川村カネトを隊長とする測量隊を招き、彼らの活躍で、なんとか現地調査・測量を終える。

　三信鉄道の設計は、鉄道省の要望から国有鉄道丙線規定に準拠となり、敷設工事自体も容易ではなかった。延長67.0キロの間に隧道（トンネル）171ヵ所、橋

梁97ヵ所を擁し、実に路線延長の約5割が隧道と橋梁であった。結果、"三信地下鉄道"との異名まで頂戴する。直流1500V電化の電気鉄道ゆえに、隧道の断面も大きく、いずれにしても難工事だったことは想像に難くない。

三信鉄道の開業

　昭和7年10月30日、まず北側の天竜峡～門島間が開業、続いて翌昭和8年12月21日には南側の三河川合～三信三輪（→三河長岡→現・東栄）間も開業した。以降、南北双方で徐々に路線を延ばしてゆき、昭和12（1937）年8月20日、最後に残った大嵐～小和田間が開業する。これにて目出度くも、豊橋～辰野間をつなぐ電気鉄道が全通した次第。

　あまりにも険しい天竜川沿いの山と谷が鉄道敷設を拒んできた"三信地下鉄道"区間だったが、戦前に私鉄の手で、これほどの山岳路線を開通させたことは、まさに驚異というほかない。その工事では、残念ながら50名以上もの犠牲者を出している。

　さらには、厳しい自然環境の中を行く路線の宿命か、開業後も災害に見舞われることが多く、とくに落石による事故や不通に関しては、全国鉄道のなかでも屈指の存在と化した。かつてはその対策として、沿線随所に存在する落石危険箇所に「落石警番舎」を建て、保線区員が終日交代で見張っていたほどだ。

　なお、豊川鉄道、鳳来寺鉄道、三信鉄道、伊那電気鉄道の各社路線の国有化は、東海道本線と中央本線とを結ぶという軍事上の重要性から、昭和17年の第81回帝国議会で決定され、既述のとおり戦争中の昭和18年8月1日に実施された。豊橋～辰野間は晴れて「飯田線」という鉄道省線（→国鉄線）になったわけである。

佐久間ダム建設とルート変更

　言うまでもないが、飯田線の旅客列車は私鉄時代から「電車」による運転で、国有化後は東京圏から省型電車が転属してきて、私鉄四社より引き継いだ社型電車を淘汰していく（昭和40年以降は関西圏からの省型電車転属が増える）。天竜峡～辰野間の架線電圧直流1200Vも、昭和30（1955）年4月に直流1500Vに昇圧された（それ以前の昭和24年に、省型電車の電動車が天竜峡以北への直通運転を果たしている）。

　昭和30年と言えば、佐久間～大嵐間ルート変更（線路付替）の年でもある（実際は中部天竜～大嵐間）。

　天竜東三河総合開発の一環として、天竜川を堰き止める佐久間ダムの建設が電源開発株式会社の手により、昭和26年4月に始まった。これが完成の暁には、飯田線は天竜川の谷をゆく佐久間～大嵐間が水没してしまう。そこで、山脈をひとつ隔てた東側の水窪川の谷を通る迂回新線18.4キロを建設し、従来の中部天竜～大嵐間14.1キロの線路を廃止することになった。

　この新線建設は昭和29年1月に始まり、延長3619mの峯トンネルおよび延長5063mの大原トンネルの掘削という難題を抱えながらも工事は順調に運び、昭和

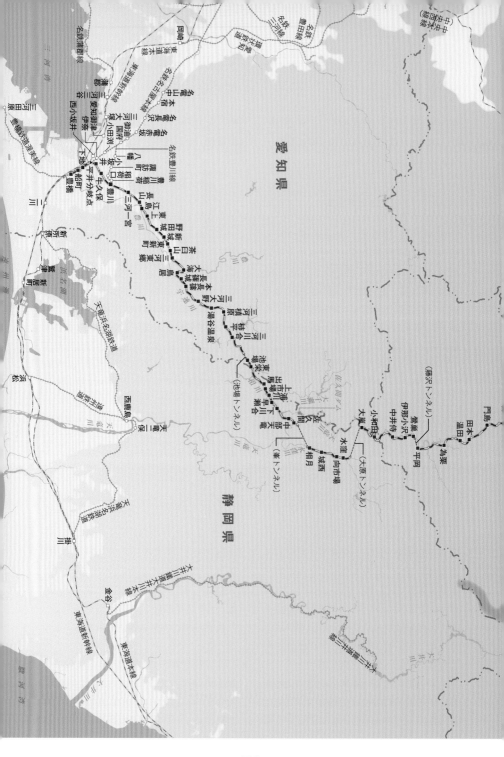

愛知県

静岡県

三河湾

遠州灘

中央本線
名松線
豊田線
三河鉄道
岡崎
東海道本線
名鉄名古屋本線
名鉄豊川線
本宿
名電長沢
名電赤坂
三河御油
国府
八幡
小坂井
平井分岐点
牛久保
豊川
船町
下地
蒲郡
三河鹿島
西小坂井
伊奈
平井分岐点
名鉄豊川線
名鉄蒲郡線
豊橋鉄道渥美線
三河田原
豊橋
豊橋鉄道東田本線
諏訪町
豊川稲荷
三河一宮
江島
長山
東上
野田城
新城
茶臼山
大海
本長篠
三河大野
湯谷温泉
三河槙原
柿平
三河川合
池場
出馬
上市場
浦川
早瀬
下川合
中部天竜
佐久間
相月
城西
水窪
大嵐
小和田
中井侍
伊那小沢
鷲巣
平岡
為栗
温田
田本
門島
(池場トンネル)
(相月トンネル)
(大原トンネル)
(藤沢トンネル)
飯田線
新所原
鷲津
新居町
弁天島
舞阪
高塚
西掛塚
天竜川
浜松
東海道本線
天竜浜名湖鉄道
新原
二俣
遠州鉄道西鹿島線
掛川
金谷
東海道本線
東海道新幹線
大井川鉄道
大井川鉄道井川線
大井川

008

飯田線路線図

路線データ

- 起点：東海道本線豊橋（愛知県豊橋市花田町西宿無番地）
- 終点：中央本線辰野（長野県上伊那郡辰野町大字辰野）
- 営業キロ（豊橋〜辰野間）：195.7キロ　※JR地方交通線第3位
- 第一種鉄道事業者：東海旅客鉄道㈱（辰野駅を除く全線が東海鉄道事業本部の直轄）
- 第二種鉄道事業者：日本貨物鉄道㈱（豊橋〜豊川間および元善光寺〜辰野間。ただし、後者は令和3年現在、貨物列車の運行なし）
- 複線区間：豊橋〜豊川間8.7キロ
- 駅数：92（起終点駅含まず）
- 平均駅間距離：約2.1キロ
  - 最短駅間：出馬〜上市場間0.6キロ
  - 最長駅間：水窪〜大嵐間6.5キロ
- トンネル数：138
  - 長さ1位：大原トンネル（5,063m、水窪〜大嵐間）
  - 長さ2位：峯トンネル（3,619m、佐久間〜相月間）
  - 長さ3位：藤沢トンネル（1,370m、鶯巣〜平岡間）
  - 長さ4位：池場トンネル（1,115m、三河川合〜池場間）
- 電化方式：直流1500V
- 閉そく方式：豊橋〜豊川間「自動閉そく式」／豊川〜辰野間「単線自動閉そく式（特殊）」
- 保安装置：ATS－PT形（同形導入前はATS－ST形、国鉄時代はATS－S形）
- 運転指令所：東海総合指令所（愛知県名古屋市所在）
- 最急勾配：40‰（赤木〜沢渡間）　※JR最急勾配
- 最急曲線：半径140m（伊那大島〜伊那福岡間の随所に点在）
- 前身の鉄道事業者：（昭和18年8月1日以降）鉄道省→運輸通信省鉄道総局→運輸省鉄道総局→日本国有鉄道（昭和62年3月31日まで）
  （昭和18年7月31日以前）豊橋〜大海間：豊川鉄道／大海〜三河川合間：鳳来寺鉄道／三河川合〜天竜峡間：三信鉄道／天竜峡〜辰野間：伊那電気鉄道

30年11月11日、新線経由にルートが変わった。旧線の豊根口、天龍山室、白神の3駅は前日限りで廃止、新たに同日、新線に相月、城西、向市場、水窪の4駅が開業する。なお、佐久間の駅は旧線上から新線上へと移転した。

佐久間ダムの建設では資材輸送のため、飯田線の豊橋〜中部天竜間の線路強化もなされ、当該区間に限り大型電気機関車の入線が可能となった。工事期間中は、二俣線（現・天竜浜名湖鉄道）の金指と中部天竜の間でセメントのピストン輸送が行われ、その貨物列車の飯田線内は、電源開発株式会社所有の電気機関車EF15形4両（109・113・116・121号機で車籍は国鉄）が牽引した。

この軌道強化により、旅客用電機のEF58形になり損ねた貨物用電機EF18形（3両のみの存在で浜松機関区配置）も中部天竜まで入線を果たしている。これを、のちの運命を暗示する出来事と見るのは少々穿ち過ぎであろうか。

飯田線で活躍した電気機関車

当然ながら、飯田線では私鉄時代から貨物列車の牽引は電気機関車の役目であった。

国有化時に鉄道省（→運輸通信省鉄道総局→運輸省鉄道総局→日本国有鉄道）へ引き継がれた電機は、豊川鉄道のデキ51（→ED28 2）、デキ52（→ED29 1）、デキ54（国有化後に完成、→ED30 1→ED25 11）、鳳来寺鉄道のデキ50（→ED28 1）、三信鉄道のデキ501（ED20形と同タイプだが国有化後も改番

されず）、伊那電気鉄道のデキ1〜6（→ED31 1〜ED31 6）、デキ10（→ED32 1）、デキ20・21（→ED33 1・ED33 2→ED26 11・ED26 12）の面々。

以上に加えて、元信濃鉄道1形電機であるED22形3両も国有化直後に飯田線へと流れてきたが、これら小・中型の社型電機は、ED17、ED18、ED19といった中型の舶来電機（大正期に鉄道省が英国および米国から輸入）や元富士身延鉄道の中型電機210形を改番したED21へと徐々に置き換えられていく（元伊那電気鉄道の中型電機ED26形2両は、昭和40年代後半まで飯田線北部で活躍）。

国有化後の飯田線における電気機関車の運用範囲は、豊橋機関区配置機が豊橋〜中部天竜間、豊橋機関区中部天竜支区配置機が中部天竜〜飯田間、伊那松島機関区配置機が飯田〜辰野間、という状態が長く続く。

昭和42（1967）年3月31日当時の電機配置状況は、豊橋機関区がED17形6両、ED21形1両、中部天竜支区がED18形3両、ED19形1両、伊那松島機関区がED19形5両、ED26形2両といった具合。

その後、中部天竜支区の電機配置が無くなり、昭和47年からは豊橋機関区の新参EF10形9両が豊橋〜飯田間を運用、伊那松島機関区のED18形3両とED19形6両が飯田〜辰野間を運用となる。飯田以北は線路規格が低く、電気機関車は厳しい軸重制限を受ける。このため大型機EF10の入線は叶わず、軸重の軽いED18とED19が集中的に配置されたというわけである（ED18はED17を軸重軽減

改造した電機)。

　昭和50年代に入ると、まず伊那松島機関区のED18・ED19がED62に置き換えられ、続いて豊橋機関区のEF10もED62に取って代わられた(ED62は、軸重15トンのED61を軸重軽減改造した新性能電機で、その軸重は13トンと14トンの二段階切替式である。これは4動軸のD型機ながら1従軸の空気バネ中間台車を追加した「Bo-1-Bo」の軸配置で可能となった)。

　国鉄末期の昭和58年7月には、飯田線用ED62の配置を浜松機関区に集約(伊那松島機関区常駐)、さらに昭和59(1984)年2月のダイヤ改正で、飯田線豊橋～元善光寺間の貨物列車が廃止となり(豊橋～豊川間の甲種鉄道車両輸送列車〔臨貨〕は存続)、飯田線用ED62は廃車機など一部を除き、昭和60年3月に篠ノ井機関区へ転属する(伊那松島機関区常駐)。

　昭和62年4月1日のJRグループ発足時、飯田線用のED62残存機8両はJR貨物に継承され、JR貨物・篠ノ井機関区の配置ながらもJR東海・伊那松島運転区(→伊那松島運輸区)常駐という体制で、元善光寺～辰野間の貨物列車牽引を担った(運用管理に加え、運転業務もJR東海に委託)。が、この貨物列車も平成8(1996)年9月30日に廃止され、ED62は全機引退した。

EF58の投入

　話は前後する。さて、ここでようやく「なぜ、JR東海は"場違い"なる飯田線

において、EF58の運用を決めたのだろうか」という問いの解へと進む。

　JR東海発足当初、飯田線における臨時の客車列車(臨客・団臨)や工事列車(工臨)、軌道試験車を用いた試運転列車(マヤ検)などの牽引は、豊橋～飯田間がJR東海・静岡運転所のDE10形ディーゼル機関車で、飯田～辰野間はJR貨物・篠ノ井機関区のED62という分担であった。豊橋～中部天竜(～〔回送〕～水窪)間のトロッコ列車もDE10が牽いていた。

　これには、電化区間にもかかわらずディーゼル機関車を運用する矛盾、飯田での機関車交換の手間、JR貨物へのED62使用料の支払い、などなど問題も多かった。そこでJR東海は、経費削減と効率化の観点から、平成元年に自社所有の電気機関車による飯田線全線での通し運用を決めるのであった。

　その当時、JR東海はEF65、EF64、EF58と三種の電機を保有していた。お察しのとおり6動軸のみ軸配置「Bo-Bo-Bo」のEF65とEF64は、軸重が重くて飯田線北部での運用は難しい。一方、EF58は、F型機ゆえに車両そのものは重いものの、6動軸に加えて、前後に先従輪の2従軸が備わる「2C+C2」の軸配置である。すなわち、都合10軸を擁するので車重は分散され、EF65やEF64よりも軸重は軽いということ(EF58の軸重はED62と大差ない)。

　飯田線北部は半径140mや半径160mの急曲線が随所に存在するが、それらについても当該箇所でEF58独自の厳しい速度規制をかければ、通過が可能であるこ

とも判明した。

　EF58は従来、飯田線の豊橋～豊川間へは入線実績があったが、以上の結果から、これを辰野までの全線で運用することとあいなる。まあ、"場違い"と見られようが、しかたがない。それに人気のEF58が走れば、かつての旧型国電やED18・ED19の時代よろしく、飯田線に再び趣味人が集まってきて、地域にもお金が落ちるであろう。

　平成元（1989）年10月中旬から11月前半にかけて、EF58 122号機を用いた豊橋～水窪間での試運転が数度にわたり実施され、さらに同機は11月20日には伊那松島へ単機で行き、翌21日には辰野までの入線を果たす。ついに飯田線全線をEF58は走破した。その後、乗務員訓練を終えて、11月下旬から本格的に飯田線での運用が始まるのであった。

　JR東海の2両のEF58は、既述のとおり静岡運転所（→静岡車両区）の配置だが、122号機か157号機のどちらか1両が、豊橋運輸区に常駐することも多くなっていく。EF58は、飯田線には切っても切れない存在と化していった。

　今、あなた様が手に持つ、この写真集は、飯田線でのEF58の活躍をまとめた、だけの実にローカルな一品である。飯田線といえば、昭和の戦後に君臨した戦前製省型電車を中心とする旧型国電や、英国紳士ED18、陽気なヤンキー米国産

ED19といった舶来電機をテーマとした本は、浮き世によく出回っている。が、飯田線のEF58に特化した本は、あまり見かけない。筋金入りの"ゴハチファン"は、飯田線を走るEF58なんぞ"邪道"に感じるのであろうか。けれども、飯田線の歴史の一記録として、EF58の活躍だけを見せる本が、少しぐらいあっても罪にはならないと思う。

　まあ、どれも大した写真じゃないが、せめて誌上で飯田線を旅する気分になれるよう、起点の豊橋から終点の辰野へと向かっていく構成にしてある。

　JR東海がイベント用に動態復活させたED18 2との重連をとらえた写真では、次位にEF58が控える、というものも数点あることは、ご理解願いたい。また、個人の、あくまでも私的なアルバムを無理やり本にしたため、掲載写真の選別があまいところもある。まさに煩悩のなせる技だが、似たような構図の写真が連続して出てきても、どこか必ず違うはずなので、そういった場面では"間違い探し"ならぬ"違い探し"としてでもお楽しみいただきたい。

　最後に、掲載の写真は、一番新しいものでも20年以上前である。当時の日本社会は、まことに大らかであった。今、同じ場所で写そうものなら、叱られることもあるやもしれない。沿線の樹木の成長から、物理的に撮影できないところもあろう。十分にご注意されたし。

飯田線のEF58 記録写真

豊橋

豊橋

豊橋

豊橋

豊橋

豊橋〜大海（旧・豊川鉄道区間）

豊橋

豊橋

豊橋

豊橋

豊橋運輸区

豊橋運輸区

⊕豊橋運輸区　　⊖豊橋運輸区

下地←小坂井〈平井分岐点〉

コラム① 飯田線と名鉄名古屋本線の線路共用区間

飯田線は起点の豊橋から3.9キロ地点にある「平井分岐点」〈JRの運転時刻表では〈平井〉と表記〉まで、名古屋鉄道名古屋本線と線路を共用している（名鉄側は豊橋〜〈平井〉間3.8キロとする）。JR線と私鉄線の線路共用区間というのは、全国的にも珍しい。

「平井分岐点」は、国鉄時代の昭和38（1963）年12月16日まで「平井信号場」という独立した停車場であった（豊川鉄道時代は「平井信号所」）。線路分岐にかかわる信号扱い（信号テコ・転てつテコ取り扱い）を、近隣の小坂井駅が行うようになり、同駅に統合されたという次第。以降、「小坂井駅構内分岐」などの呼称も使われる。

昭和59（1984）年2月の豊橋〜飯田間CTC導入後、分岐点の信号扱いは飯田のCTCセンターからの遠隔操作となり（飯田〜辰野間のCTC導入は昭和58年2月）、JR東海発足後は、名古屋の東海総合指令所からの遠隔操作に変わる。

豊橋〜平井分岐点間共用区間最大の特徴は、JR東海、名鉄それぞれが所有する単線を合わせて、飯田線・名古屋本線共用の複線としている点。下り線はJR東海所有、上り線は名鉄所有だが、保線や運行管理はJR東海が行う。名鉄の列車は毎時片道6本運行が上限で、運転最高速度も飯田線列車に準じる85km/h制限を受けている（名古屋本線の運転最高速度は、他の区間では120km/h）。共用区間内には船町、下地の2駅が存在するが、あくまでも飯田線の駅なので、名鉄の列車はすべて通過となる。なお、保安装置は、当然ながら上下線ともに、JR列車用ATS-PTと名鉄列車用M式ATSの併設である。

この線路共用区間は、名鉄の前身のひとつ愛知電気鉄道が吉田（現・豊橋）に達した昭和2（1927）年以来という。始まりは豊川鉄道と愛知電気鉄道の取り決めであり、それが前者の国有化時に鉄道省（→国鉄）にも引き継がれた。なるほど、起源が私鉄同士ならば、単線並列でなく複線使用という合理性も得心がいこう。

牛久保

豊川

豊橋〜大海（旧・豊川鉄道区間）

⊕豊川　⊕豊川←三河一宮

㊤三河一宮→長山　㊦三河一宮←長山

長山

長山

長山

長山

🔼江島←東上　🔽江島←東上

江島→東上

江島←東上

④江島←東上　⑤江島←東上

江島→東上

江島→東上

⊕東上　⊗東上

東上

東上

⊥東上　⊤東上←野田城

㊤東上→野田城　㊦東上→野田城

東上→野田城

東上→野田城

東上→野田城

東上→野田城

⊥東上→野田城　⏨東上→野田城

⑭野田城　⑮野田城←新城

野田城←新城

野田城←新城

豊橋〜大海（旧・豊川鉄道区間）

野田城←新城

野田城→新城

新城

新城

㊤三河東郷　㊦三河東郷←大海

三河東郷→大海

三河東郷→大海

⊥三河東郷→大海　⊤三河東郷→大海

三河東郷→大海

三河東郷→大海

三河東郷→大海

大海

大海→鳥居

大海→鳥居

大海←鳥居

大海→鳥居

大海→鳥居

大海→鳥居

大海〜三河川合（旧・鳳来寺鉄道区間）

㊤鳥居←長篠城　㊦鳥居←長篠城

長篠城←本長篠

本長篠

三河大野→湯谷（現・湯谷温泉）

三河大野→湯谷（現・湯谷温泉）

湯谷（現・湯谷温泉）←三河槙原

湯谷温泉←三河槇原

湯谷（現・湯谷温泉）←三河槇原

湯谷（現・湯谷温泉）→三河槙原

湯谷（現・湯谷温泉）→三河槙原

湯谷（現・湯谷温泉）←三河槇原

㊤湯谷（現・湯谷温泉）←三河槇原　㊦湯谷（現・湯谷温泉）→三河槇原

湯谷（現・湯谷温泉）→三河槇原

三河槇原

大海〜三河川合（旧・鳳来寺鉄道区間）

三河槇原

058

三河槙原

三河槙原

三河槙原

三河槙原←柿平

三河槙原←柿平

三河槙原←柿平

三河槙原←柿平

三河槙原←柿平

柿平→三河川合

上三河川合 下三河川合→池場

⑤東栄　⑥東栄←出馬

東栄←出馬

⊕東栄→出馬　⑦出馬←上市場

出馬←上市場

出馬←上市場

㊤出馬→上市場　㊦出馬→上市場

出馬→上市場

出馬→上市場

浦川

浦川

⬆浦川　⬇早瀬

⊕下川合　⊗下川合←中部天竜

下川合←中部天竜

中部天竜

中部天竜

中部天竜

㊤中部天竜　㊦中部天竜

中部天竜

中部天竜

中部天竜

中部天竜

中部天竜

佐久間←相月

佐久間←相月

佐久間←相月

⊕佐久間←相月　⊙佐久間←相月

佐久間←相月

コラム②　飯田線国有化時の駅の処遇

　私鉄を起源とする飯田線は、駅の数が滅法多い。だが、昭和18年8月1日の国有化時に廃止された駅もある。鳳来寺鉄道の「柿平」、三信鉄道の「池場」「三信上市場」「早瀬」「我科」、伊那電気鉄道の「開善寺前」「高遠原」「伊那赤坂」「大田切」「入舟」「西町」の面々。しかし、「池場」「上市場」「早瀬」「高遠原」「大田切」は敗戦後の昭和21年に復活、「柿平」も昭和25年には復活した。

　復活叶わなかった駅の一つ「入舟」は、距離が0.9キロしか離れていない「伊奈町」（現・「伊那市」）〜「伊那北」間に存在した停留場である。それではさすがに復活は無理であろう。ちなみに私鉄時代、棒線駅は法規上「停留場」だったが、国有化時にそれらも「停車場」となった（「地方鉄道法」準拠の地方鉄道ではなくなったため）。

　国有化時に改称した駅もある。豊川鉄道の「吉田」→「豊橋」（東海道本線「豊橋」停車場に併合）、「新船町」→「船町」、「江島渡」→「江島」、「川路」→「三河東郷」、「長篠」→「大海」、鳳来寺鉄道の「長篠古城趾」→「長篠城」、「鳳来寺口」→「本長篠」、三信鉄道の「三信三輪」→「三河長岡」（昭和31年「東栄」に再改称）、伊那電気鉄道の「伊那川路」→「川路」、「元善光寺」→「座光寺」（昭和25年「元善光寺」に再改称）、「南新町」→「伊那新町」といった具合。

　国有化時に"かな"のみ改めた駅というのもあった。三信鉄道の「中部天竜」が「なかっぺてんりゅう」から「ちゅうぶてんりゅう」に、「中井侍」が「なかいざむらい」から「なかいさむらい」に、伊那電気鉄道の「北殿」が「きたとの」から「きたどの」に（昭和31年に「きたとの」に戻す）、である。「中部天竜」の元かな"なかっぺ"は、付近の地名"中部（なかっぺ）"に由来するという（現在は〔なかべ〕）。"かな"の変更により"天竜川の中部"とか"中部地方の天竜"などと、由来を誤解しそうになったのは確かである。

⊕佐久間→相月　⊖佐久間→相月

⊕城西　⊖城西

⊕城西　⊗城西

城西→向市場

⊛城西←向市場　⊛城西←向市場

城西←向市場

城西←向市場

城西←向市場

城西→向市場

向市場→水窪

向市場→水窪

向市場←水窪

向市場←水窪

⊕向市場←水窪　　⊖向市場←水窪

向市場←水窪

コラム③　渡らずの鉄橋

　佐久間ダム建設にともなう飯田線佐久間〜大嵐間のルート変更（線路付替）は、昭和30年11月11日に実施されたことは、ご承知のとおりである。なお、実際は中部天竜駅の北側構内外れより新線に付け替えられ、佐久間駅は旧線から新線に移り、位置を大きく変えている（旧・佐久間駅は、現在の電源開発㈱佐久間発電所の敷地内にあった）。

　余談だが、大嵐駅の南側には旧線の夏焼隧道が道路トンネルとして残り、その南坑門から旧・白神駅にかけての水没した廃線跡（いくつかの隧道群）は、佐久間湖の渇水期に幽霊のごとく姿を現す。

　このルート変更は、佐久間〜相月間の峯トンネル（3619m）と水窪〜大嵐間の大原トンネル（5063m）によって山脈を越え、天竜川の谷から東隣の水窪川の谷に線路を移すという大胆なものであった。二つの長大トンネル掘削は、線路移設工事のなかでも難関中の難関であり、ともに当時としては最新の技術が使われた。峯トンネルは半断面掘削工法を、大原トンネルは全断面掘削工法をそれぞれ採用、これ以降の国鉄のトンネル掘削技術は、こういった大型機械によるものが主流となっていく。

　さて、新ルートの線路が通る水窪川の谷だが、中央構造線にともなう断層帯に位置するため、地質が不安定で地滑り地帯の斜面も多い。結果、城西〜向市場間では建設工事の際、掘削中に崩壊してしまったトンネルまである始末。そこではやむを得ず、トンネルによる通過を諦め、危険斜面を避ける苦肉の策として、水窪川の上を鉄橋で迂回するといった奇策が講じられた。

　飯田線最長を誇る全長401mの「第六水窪川橋梁」である。むろんこの鉄橋、対岸へは渡らない。水窪川の左岸から始まって、右岸をかすめ左岸へ引き返すという、まさに珍品だ。本書では、88頁と89頁上の写真を見れば、その様子がよくわかる。

　ある種、飯田線の名物となっており、人はそれを"渡らずの鉄橋"と呼ぶ。

水窪

《佐久間～大嵐（日本国有鉄道付替区間）》

水窪

水窪

水窪

水窪

水窪

水窪

《佐久間〜大嵐〔日本国有鉄道付替区間〕》

水窪

水窪

水窪

水窪

水窪

水窪

水窪

水窪

水窪

水窪

水窪

水窪←大嵐

小和田

中井侍

伊那小沢

平岡

平岡

平岡

⊕平岡←為栗　⊖平岡→為栗

㊤平岡→為栗　㊦平岡→為栗

田本→門島

門島

門島→唐笠

コラム④　飯田線の乗務員について

　飯田線の乗務員（運転士・車掌）は、おおむね豊橋〜天竜峡間が豊橋運輸区、中部天竜〜辰野間が伊那松島運輸区である。中部天竜〜天竜峡間を走る営業列車は、すべて車掌が乗務する。

　かつては伊那松島運輸区の車掌に限り、中央本線辰野〜岡谷〜上諏訪〜茅野間での越境乗務が存在した（飯田線直通列車絡み）が、現在はすべて辰野でJR東日本の乗務員（松本運輸区など）と交代している。

　飯田線国有化当初の乗務員は、電車運転士・機関士が豊橋機関区、豊橋機関区中部天竜支区、伊那松島機関区、車掌が浜松車掌区豊橋支区、甲府車掌区赤穂支区のそれぞれ所属であった。甲府車掌区が飯田線に絡むのは奇妙に思われるかもしれないが、当時、線区自体の管理が、小和田以北は鉄道省名古屋鉄道局甲府管理部、同駅以南は鉄道省名古屋鉄道局静岡管理部となっていた（小和田駅は静岡管理部の管轄）。公共企業体「日本国有鉄道」発足後の昭和25年8月1日には、飯田線全線が晴れて静岡鉄道管理局の管轄となる（辰野駅

は長野鉄道管理局の管轄）。これがもとで昭和62年4月1日のJRグループ発足時、飯田線は全線がJR東海・静岡支社の管轄とされるも（辰野駅はJR東日本・長野支社の管轄）、平成2年3月1日にはJR東海・東海鉄道事業本部に移管となった。

　乗務員基地の変遷も見ておこう。昭和22年1月10日、豊橋車掌区と塩尻車掌区赤穂支区が発足。後者は翌昭和23年9月25日に赤穂車掌区となり、昭和34年10月1日、駅名とともに駒ケ根車掌区に改称する。昭和53年10月1日、中部天竜機関区が独立するも、昭和60年3月14日には合理化で廃止。国鉄終焉直前の昭和62年3月1日、豊橋機関区が豊橋電車区に、伊那松島機関区が伊那松島運転区となり、JR東海発足後の昭和63年3月13日、前者は車両無配置化から豊橋運転区に改称した。

　締めは平成元年3月11日で、この日、豊橋運転区と豊橋車掌区の統合で豊橋運輸区が、伊那松島運転区と駒ケ根車掌区の統合で伊那松島運輸区が、それぞれ発足するのであった。

金野←千代

千代←天竜峡

天竜峡

天竜峡

天竜峡

天竜峡

天竜峡

天竜峡

天竜峡

天竜峡

天竜峡

天竜峡

天竜峡〜辰野（旧・伊那電気鉄道区間）

114

天竜峡

天竜峡

天竜峡←川路（旧線）

川路→時又（旧線）

⊥時又　⊤時又←駄科

時又←駄科

時又→駄科

時又←駄科

駄科←毛賀

飯田

飯田

⊕飯田　⊗飯田

飯田

飯田

⊕飯田　⊖飯田

⊥飯田　⑦伊那上郷←元善光寺

元善光寺

元善光寺←下市田

⊕市田　⊕市田

⊕市田→下平　⊖下平←山吹

山吹

山吹

㊤伊那大島←上片桐　㊦伊那大島←上片桐

Ⓤ上片桐→伊那田島　Ⓓ伊那田島←大沢（信）

㊤大沢（信）→高遠原　㊦高遠原←七久保

⊕高遠原←七久保　⊕高遠原→七久保

高遠原→七久保

高遠原→七久保

高遠原→七久保

高遠原→七久保

高遠原→七久保

コラム⑤ 飯田線を走ったEF58の経歴

　飯田線の豊川以北を走ったEF58は、ご承知のように122号機と157号機のわずかに2両。172両を擁した一族のなかでは、まことに稀有な体験をしたカマといえる。ここでは、その2両の経歴を概観してみよう。

　122号機は昭和32年4月16日に「日立製作所」で落成、同日付で静岡鉄道管理局・沼津機関区に新製配置される。翌昭和33年3月25日には東京鉄道管理局・東京機関区に転属、以降、俗に言う"ブルートレイン塗色"にもなって、東海道・山陽本線で特急「あさかぜ」「はやぶさ」などを牽く。この東京機関区時代、姫路第一機関区、高崎第二機関区、新鶴見機関区、宇都宮運転所、浜松機関区への貸し渡し実績がある。なお、東京機関区は昭和44年3月1日の組織改編で、東京南鉄道管理局傘下の現業機関となる。

　昭和51年3月17日、東京北鉄道管理局・宇都宮運転所へ転属、以降は東北本線上野口で急行列車や荷物列車などを牽く。国鉄末期の昭和60年3月14日、東京北鉄道管理局・田端機関区に転属する

が、書類上のことで引き続き宇都宮運転所に常駐。そして、昭和61年10月29日、静岡鉄道管理局・静岡運転所に転属し、翌年にはJR東海へと継承された。

　157号機の方は昭和33年2月25日に「三菱電機・新三菱重工業」で落成、同日付で静岡鉄道管理局・浜松機関区に新製配置、東海道・山陽本線の急行列車などを牽引する。一度だけ宮原機関区に貸し渡されたこともあった。昭和59年2月1日、広島鉄道管理局・下関運転所へ転属、EF62運用開始までの代打として約2ヵ月間、東海道・山陽本線の荷物列車を牽引。その後、昭和60年9月30日付で廃車となるも解体を免れ、昭和62年4月1日以降は国鉄清算事業団の備品として保管。それをJR東海が購入し、浜松工場で全般検査を行って、昭和63年3月31日付で車籍復帰を果たした。

　残念ながら両機とも平成20年3月31日付で廃車となるが、157号機は「リニア・鉄道館」で保存展示されている。一方、122号機の方は哀れかな解体となり、現存していない。

⊥高遠原→七久保　Ⓣ高遠原→七久保

㊤七久保→伊那本郷　㊦七久保→伊那本郷

七久保→伊那本郷

コラム⑥　伊那谷の田切地形と飯田線

　豊橋から飯田線に乗り、はるばる辰野をめざせば、本長篠を出たあたりで左右に山壁が迫り、豊川の支流宇連川、別名"板敷川"のやや大ぶりな峡谷へと入っていく。切り立った岩山が目を楽しませてくれる。これより、飯田線の車窓は山また山。三河川合からは急な上り坂で、分水嶺の峠を全長1115mの池場トンネルでやりすごし、サミットの池場駅を越えると、天竜川水系の谷あいへと至る。山深さはより一層のもの、まさに深山幽谷の地である。

　全長3619mの峯トンネルで水窪川の谷に出たあと、飯田線最長を誇る5063mの大原トンネルを抜けた大嵐からは、天竜川本流のV字谷の左岸（東岸）斜面を無数のトンネルで縫いながら進んでいく。"地上の地下鉄"といった趣である。千代を過ぎて天竜川橋梁で右岸（西岸）へと渡り、天竜峡トンネルを抜けると天竜峡駅である。ここより辰野までは伊那谷を北上する展開だが、車窓の眺めはそれまでとは一変する。左右が開けて、のびのびとした平地を行く。進行左手に中央アルプスを拝み、右手ははるかに南アルプスを遠望する。

　西は木曽山脈（中央アルプス）、東は伊那山地と背後の赤石山脈（南アルプス）に挟まれた伊那谷は、伊那盆地、伊那平とも呼ばれるように、"谷地形"ではなく、南北方向に長く、また東西の幅も広い盆地である。ただ、その平坦部には、いくつかの段差面が存在する。天竜川が形成した広大な河岸段丘である。そこでは"田切地形"と呼ばれる、天竜川に対し直角に流入する河川が、段丘面に切れ込む侵食谷を随所で目にする。とくに飯田線が走る中央アルプス側では、河川の下刻作用が盛んで、数ヵ所に大規模な田切地形が形成されている。

　小資本の私鉄、伊那電気鉄道が建設した飯田線北部は、そういった田切地形の箇所では長大橋梁の建設を避け、"段丘面に切れ込む侵食谷"をΩカーブで上流まで大迂回して短い橋梁で川を渡っていく。結果、橋梁の前後に飯田線北部名物（？）の半径140mや半径160mの急曲線が出来てしまったという次第。伊那本郷〜飯島間の与田切川の谷、田切〜伊那福岡間の中田切川の谷では、その建設費節約の様子が、車窓からもよく見てとれる。

⊥七久保→伊那本郷　下七久保→伊那本郷

七久保→伊那本郷

七久保→伊那本郷

七久保→伊那本郷

七久保←伊那本郷

伊那本郷←飯島

伊那本郷→飯島

142

⊕伊那本郷→飯島　⊕伊那本郷→飯島

伊那本郷→飯島

伊那本郷←飯島

144

伊那本郷←飯島

伊那本郷←飯島

⊕伊那本郷←飯島　⊖伊那本郷←飯島

伊那本郷→飯島

飯島←田切

㊤飯島←田切　㊦飯島→田切

⊕田切←伊那福岡　⑦田切←伊那福岡

⊕田切→伊那福岡　⊕田切→伊那福岡

㊤田切→伊那福岡　㊦田切→伊那福岡

④田切←伊那福岡　Ⓣ田切←伊那福岡

田切←伊那福岡

伊那福岡

153

伊那福岡

伊那福岡

天竜峡～辰野（旧・伊那電気鉄道区間）

⊕駒ケ根　㊦大田切→宮田

赤木←沢渡

赤木→沢渡

田畑←北殿

北殿

木ノ下←伊那松島

木ノ下←伊那松島

①伊那松島　①伊那松島運輸区

伊那松島運輸区

伊那松島運輸区

伊那松島運輸区

伊那松島運輸区

伊那松島運輸区

伊那松島運輸区

伊那松島運輸区

伊那松島運輸区

伊那松島運輸区

伊那松島運輸区

伊那松島運輸区

163

伊那松島運輸区

伊那松島運輸区

伊那松島運輸区

伊那松島運輸区

伊那松島運輸区

伊那松島運輸区

伊那松島運輸区

伊那松島運輸区

伊那松島運輸区

伊那松島運輸区

伊那松島運輸区

㊤伊那松島運輸区　㊦伊那松島運輸区

伊那松島運輸区

伊那松島運輸区

伊那松島運輸区

169

伊那松島運輸区

伊那松島運輸区

⊛伊那松島運輸区　㊦伊那松島運輸区

⊕伊那松島→沢　⊝沢←羽場

羽場

コラム⑦　終点辰野駅とその他一つ二つのこと

　飯田線の終点、辰野駅はJR東日本・長野支社の管轄である。ゆえにEF58が飯田線を走っていたころ、機回しなど辰野駅での同機の入換運転は、JR東日本の駅社員が誘導や転てつテコ扱いを行っていた。平成8年9月までは、飯田線の元善光寺〜辰野間に貨物列車が存在したが、当時、辰野駅でのED62とEF64の交換（ともにJR貨物・篠ノ井機関区配置。前者は飯田線用、後者は中央本線用）も同様であった。ED62の運転士はJR東海・伊那松島運輸区の人で、EF64の運転士はJR貨物・篠ノ井機関区の人である。結果、JR貨物の列車にかかわる辰野駅の業務は、JR3社の社員による共同作業だったということになる。こういったところが、国鉄分割のややこしい点といえようか。

　ちなみに、辰野駅のJR東日本とJR東海の会社境界標は、飯田線の線路を隣駅宮木の方へ少しいった地点（400mほど先）にある飯田線下り場内信号機の根元に立っている。なお、国鉄時代の長野鉄道管理局と静岡鉄道管理局の局界は、宮木〜辰野間1.1キロのほぼ中間地点だったという。

　辰野駅の標高は723m、飯田線最高所駅の一つである（722.8m、723.21mとする資料も存在）。起点の豊橋が標高9mなので、700m以上も登ってきたことになる。ただ、辰野駅は中央本線帰属なので“飯田線で最も高い所にある駅”とは、言いづらい面がある。飯田線では羽場駅が同じく標高723mなので、こちらのほうが“飯田線最高所駅”と胸をはれそうである。

　ついでながらに申し添えれば、飯田線で最も高低差の大きい駅間は三河川合〜池場間4.9キロで、その値は117mを誇る。ご存じのように、豊川水系・天竜川水系分水嶺の峠越えの区間である。

　おまけにもうひとつ。飯田線には、信越本線横川〜軽井沢間廃止後のJR線最急勾配が存在する。赤木〜沢渡間の40‰（1000分の40）の坂である。156頁の写真がそこで、近辺は田んぼが広がる開けた土地。なんとも不釣り合いな一品である。

173

羽場

羽場

羽場→伊那新町

羽場→伊那新町

伊那新町←宮木

辰野

⊕辰野　⊖辰野

掲載写真撮影データ

頁	撮影日	列車番号	車両	撮影場所
014上	H3.4.28	8622	157[静]＋オハフ46・トラ90000・12系(海ナゴ)	豊橋
014下	H6.11.12	工9681	157[静]＋チキ52000(海ナゴ)	豊橋
015上	H2.4.1	8621	122[静]＋オハフ46・トラ90000(海ナゴ)	豊橋
015下,016上	H2.11.23	8621	157[静]＋オハフ46・トラ90000(海ナゴ)	豊橋
016中	H3.4.7	8621	157[静]＋オハフ46・トラ90000(海ナゴ)	豊橋
016下	H2.4.8	8622	122[静]＋オハフ46・トラ90000(海ナゴ)	豊橋
017上	H2.4.8	入換	122[静]＋オハフ46・トラ90000(海ナゴ)	豊橋
017下	H4.3.21	8622	157[静]＋オハフ46・トラ90000・12系(海ナゴ)	豊橋
018上	H6.2.11	展示	122[静]、157[静]	豊橋運輸区
018下,019上	H6.10.30	展示	122[静]	豊橋運輸区
019下	H7.10.22	展示	122[静]、157[静]	豊橋運輸区
020	H1.1.8	9824	157[静]＋12系和式「いこい」(海ナゴ)	小坂井～下地
021上	H1.1.8	9821	157[静]＋12系和式「いこい」(海ナゴ)	牛久保
021下,022上	H1.1.8	留置	157[静]、12系和式「いこい」(海ナゴ)	豊川
022下	H8.6.1	8622	122[静]＋オハフ17・12系(海ナゴ)	三河一宮～豊川
023上	H2.1.28	9843	157[静]＋14系(海ナゴ)	三河一宮～長山
023下	H2.1.28	回9844	157[静]＋14系(海ナゴ)	長山～三河一宮
024	H2.1.28	入換	157[静]＋14系(海ナゴ)	長山
025上	H2.1.28	回9844	157[静]＋14系(海ナゴ)	長山
025下	H4.3.21	8622	157[静]＋オハフ46・トラ90000・12系(海ナゴ)	長山
026上	H2.5.13	8622	157[静]＋オハフ46・トラ90000(海ナゴ)	東上～江島
026下	H7.10.22	9830	157[静]＋14系(海ナゴ)	東上～江島
027上	H4.3.22	8621	157[静]＋12系・トラ90000・オハフ46(海ナゴ)	江島～東上
027下	H2.12.2	9822	157[静]＋12系和式「いこい」(海ナゴ)	東上～江島
028	H2.11.27	9842	157[静]＋12系和式(ナゴ展)(海ナゴ)	東上～江島
029上	H5.11.28	8621	122[静]＋ED18 2[静]＋オハフ46・トラ90000(海ナゴ)	江島～東上
029下	H4.11.22	8621	122[静]＋ED18 2[静]＋オハフ46・トラ90000(海ナゴ)	江島～東上
030,031上	H3.11.23	8621	122[静]＋12系・トラ90000・オハフ46(海ナゴ)	東上
031下	H2.4.29	8622	157[静]＋オハフ46・トラ90000(海ナゴ)	東上
032上	H6.10.9	8622	122[静]＋オハフ17・トラ90000・12系(海ナゴ)	東上
032下	H2.1.28	9832	122[静]＋12系和式「いこい」(海ナゴ)	野田城～東上
033	H6.11.20	8621	157[静]＋ED18 2[静]＋オハフ46・トラ90000(海ナゴ)	東上～野田城
034	H4.11.23	8621	122[静]＋ED18 2[静]＋オハフ46・トラ90000(海ナゴ)	東上～野田城
035	H9.6.7	回9831	122[静]＋12系欧風「ユーロライナー」(海ナゴ)	東上～野田城
036上	H3.4.28	8621	157[静]＋12系・トラ90000・オハフ46(海ナゴ)	東上～野田城
036下	H6.11.12	工9681	157[静]＋チキ52000(海ナゴ)	東上～野田城
037上	H2.4.1	8622	122[静]＋オハフ46・トラ90000(海ナゴ)	野田城
037下	H2.4.30	8622	157[静]＋オハフ46・トラ90000(海ナゴ)	新城～野田城
038上	H6.10.30	8622	157[静]＋オハフ17・トラ90000・12系(海ナゴ)	新城～野田城
038下	H6.10.8	8622	122[静]＋オハフ17・トラ90000・12系(海ナゴ)	新城～野田城
039上	H6.10.16	8622	157[静]＋オハフ46・トラ90000(海ナゴ)	新城～野田城
039下	H3.4.29	8621	157[静]＋12系・トラ90000・オハフ46(海ナゴ)	野田城～新城
040	H9.6.7	回9831	122[静]＋12系欧風「ユーロライナー」(海ナゴ)	新城
041上	H4.11.23	8621	122[静]＋ED18 2[静]＋オハフ46・トラ90000(海ナゴ)	三河東郷
041下	H2.11.27	9842	157[静]＋12系和式(ナゴ展)(海ナゴ)	大海～三河東郷
042上	H3.4.28	8621	157[静]＋12系・トラ90000・オハフ46(海ナゴ)	三河東郷～大海

頁	撮影日	列車番号	車両	撮影場所
042下	H6.10.30	8621	157[静]＋12系・トラ90000・オハフ17(海ナゴ)	三河東郷～大海
043上	H6.10.8	8621	122[静]＋12系・トラ90000・オハフ17(海ナゴ)	三河東郷～大海
043下	H8.6.1	8621	122[静]＋12系・オハフ17(海ナゴ)	三河東郷～大海
044	H7.4.2	8625	122[静]＋オハフ46(海ナゴ)	三河東郷～大海
045上	H6.11.12	工9681	157[静]＋チキ52000(海ナゴ)	三河東郷～大海
045下	H5.11.13	8621	157[静]＋12系・トラ90000・オハフ17(海ナゴ)	大海
046上	H4.3.21	8621	157[静]＋12系・トラ90000・オハフ46(海ナゴ)	大海～鳥居
046下	H6.11.12	工9681	157[静]＋チキ52000(海ナゴ)	大海～鳥居
047上	H3.10.27	8622	157[静]＋オハフ46・トラ90000・12系(海ナゴ)	鳥居～大海
047下	H3.4.28	8621	157[静]＋12系・トラ90000・オハフ46(海ナゴ)	大海～鳥居
048上	H3.4.29	8621	157[静]＋12系・トラ90000・オハフ46(海ナゴ)	大海～鳥居
048下	H9.6.7	回9831	122[静]＋12系欧風「ユーロライナー」(海ナゴ)	大海～鳥居
049上	H3.4.28	8622	157[静]＋オハフ46・トラ90000・12系(海ナゴ)	長篠城～鳥居
049下	H2.11.25	8622	157[静]＋オハフ46・トラ90000(海ナゴ)	長篠城～鳥居
050上	H2.11.23	8622	157[静]＋オハフ46・トラ90000(海ナゴ)	本長篠～長篠城
050下	H6.10.30	8622	157[静]＋オハフ17・トラ90000・12系(海ナゴ)	本長篠
051	H2.11.25	8621	157[静]＋オハフ46・トラ90000(海ナゴ)	三河大野～湯谷
052上	H2.4.29	8621	157[静]＋オハフ46・トラ90000(海ナゴ)	三河大野～湯谷
052下	H2.4.8	8622	122[静]＋オハフ46・トラ90000(海ナゴ)	三河槙原～湯谷
053上	H7.4.2	8626	122[静]＋オハフ46(海ナゴ)	三河槙原～湯谷温泉
053下	H2.4.29	8622	157[静]＋オハフ46・トラ90000(海ナゴ)	三河槙原～湯谷
054	H3.11.24	8621	122[静]＋12系・トラ90000・オハフ46(海ナゴ)	湯谷～三河槙原
055	H2.4.29	8622	157[静]＋オハフ46・トラ90000(海ナゴ)	三河槙原～湯谷
056上	H2.4.30	8622	157[静]＋オハフ46・トラ90000(海ナゴ)	三河槙原～湯谷
056下	H2.11.23	8621	157[静]＋オハフ46・トラ90000(海ナゴ)	湯谷～三河槙原
057上	H2.4.30	8621	157[静]＋オハフ46・トラ90000(海ナゴ)	湯谷～三河槙原
057下	H6.10.9	8621	122[静]＋12系・トラ90000・オハフ17(海ナゴ)	三河槙原
058	H2.4.1	8621	122[静]＋オハフ46・トラ90000(海ナゴ)	三河槙原
059上	H7.10.14	9835	157[静]＋オハフ46(海ナゴ)	三河槙原
059下,060上	H6.10.9	8621	122[静]＋12系・トラ90000・オハフ17(海ナゴ)	三河槙原
060下	H4.3.21	8622	157[静]＋オハフ46・トラ90000・12系(海ナゴ)	柿平～三河槙原
061	H2.4.1	8622	157[静]＋オハフ46・トラ90000(海ナゴ)	柿平～三河槙原
062	H2.4.1	8622	122[静]＋オハフ46・トラ90000(海ナゴ)	柿平～三河槙原
063上	H7.10.9	回9840	122[静]＋12系和式「いこい」(海ナゴ)	柿平～三河槙原
063下	H3.4.28	8621	157[静]＋12系・トラ90000・オハフ46(海ナゴ)	柿平～三河川合
064上	H5.11.13	8622	157[静]＋オハフ17・トラ90000・12系(海ナゴ)	三河川合
064下	H3.4.28	8621	157[静]＋12系・トラ90000・オハフ46(海ナゴ)	三河川合～池場
065上	H5.11.28	8621	122[静]＋ED18 2[静]＋オハフ46・トラ90000(海ナゴ)	東栄
065下	H9.8.10	回9836	157[静]＋14系(海ミオ)・12系欧風「ユーロライナー」(海ナゴ)	出馬～東栄
066	H3.11.24	8622	122[静]＋オハフ46・トラ90000・12系(海ナゴ)	出馬～東栄
067上	H2.5.13	8621	157[静]＋オハフ46・トラ90000(海ナゴ)	東栄～出馬
067下	H2.5.13	8622	157[静]＋オハフ46・トラ90000(海ナゴ)	上市場～出馬
068	H5.11.28	8622	ED18 2[静]＋122[静]＋オハフ46・トラ90000(海ナゴ)	上市場～出馬
069上	H2.4.8	8621	122[静]＋オハフ46・トラ90000(海ナゴ)	出馬～上市場
069下	H3.4.7	8621	122[静]＋オハフ46・トラ90000(海ナゴ)	出馬～上市場
070	H8.6.2	8621	157[静]＋12系・オハフ17(海ナゴ)	出馬～上市場
071上	H2.4.1	8621	122[静]＋オハフ46・トラ90000(海ナゴ)	浦川
071下,072上	H2.11.25	8621	157[静]＋オハフ46・トラ90000(海ナゴ)	浦川
072下	H3.4.29	8622	157[静]＋オハフ46・トラ90000・12系(海ナゴ)	早瀬
073上	H3.11.23	8622	122[静]＋オハフ46・トラ90000・12系(海ナゴ)	下川合

頁	撮影日	列車番号	車両	撮影場所
073下,074上	H2.11.11	8622	157[静]＋オハフ46・トラ90000(海ナコ)	中部天竜～下川合
074下	H3.4.7	8622	157[静]＋オハフ46・トラ90000(海ナコ)	中部天竜
075上	H3.5.3	8621	157[静]＋12系・トラ90000・オハフ46(海ナコ)	中部天竜
075下	H7.10.9	留置	122[静]＋12系和式「いこい」(海ナコ)	中部天竜
076	H9.8.10	回9836	157[静]＋14系(海ミオ)・12系欧風「ユーロライナー」(海ナコ)	中部天竜
077	H2.4.1	回8633	122[静]＋オハフ46・トラ90000(海ナコ)	中部天竜
078上	H2.11.25	回8633	157[静]＋オハフ46・トラ90000(海ナコ)	中部天竜
078下	H3.4.28	回8621	157[静]＋12系・トラ90000・オハフ46(海ナコ)	中部天竜
079上	H3.4.7	回8622	157[静]＋オハフ46・トラ90000(海ナコ)	中部天竜
079下	H3.5.3	回8622	157[静]＋オハフ46・トラ90000・12系(海ナコ)	相月～佐久間
080上	H6.10.9	回8622	122[静]＋オハフ17・トラ90000・12系(海ナコ)	相月～佐久間
080下	H6.10.8	回8622	122[静]＋オハフ17・トラ90000・12系(海ナコ)	相月～佐久間
081上	H4.11.23	回8622	ED18 2[静]＋122[静]＋オハフ46・トラ90000(海ナコ)	相月～佐久間
081下	H6.10.16	回8622	157[静]＋オハフ46・トラ90000(海ナコ)	相月～佐久間
082	H8.6.2	回8622	157[静]＋オハフ17・12系(海ナコ)	相月～佐久間
083上	H8.6.2	回9831	122[静]＋12系和式〈ナコ展〉(海ナコ)	佐久間～相月
083下	H9.8.11	回9825	157[静]＋オハフ46(海ミオ)	佐久間～相月
084	H2.3.31	回8622	122[静]＋オハフ46・トラ90000(海ナコ)	城西
085	H8.6.1	回8622	122[静]＋オハフ17・12系(海ナコ)	城西
086	H2.11.11	回8633	157[静]＋オハフ46・トラ90000(海ナコ)	城西～向市場
087上	H2.3.31	回8622	122[静]＋オハフ46・トラ90000(海ナコ)	向市場～城西
087下	H9.8.11	回9826	157[静]＋オハフ46(海ミオ)	向市場～城西
088	H2.3.31	回8622	122[静]＋オハフ46・トラ90000(海ナコ)	向市場～城西
089上	H6.11.12	単9684	157[静]	向市場～城西
089下	H2.3.31	回8633	122[静]＋オハフ46・トラ90000(海ナコ)	城西～向市場
090上	H4.3.22	回8621	157[静]＋12系・トラ90000・オハフ46(海ナコ)	向市場～水窪
090下	H4.11.22	回8621	122[静]＋ED18 2[静]＋オハフ46・トラ90000(海ナコ)	向市場～水窪
091上	H4.3.22	回8622	157[静]＋オハフ46・トラ90000・12系(海ナコ)	水窪～向市場
091下	H4.11.14	9836	122[静]＋12系和式〈ナコ展〉(海ナコ)	水窪～向市場
092上	H4.11.22	回8622	ED18 2[静]＋122[静]＋オハフ46・トラ90000(海ナコ)	水窪～向市場
092下	H7.10.10	回8622	122[静]＋オハフ46・トラ90000(海ナコ)	水窪～向市場
093	H6.11.20	回8622	ED18 2[静]＋157[静]＋オハフ46・トラ90000(海ナコ)	水窪～向市場
094	H4.3.22	入換	157[静]＋オハフ46・トラ90000・12系(海ナコ)	水窪
095	H4.11.22	入換	122[静]＋ED18 2[静]・オハフ46・トラ90000(海ナコ)	水窪
096-098上	H8.6.1	入換	122[静]・オハフ17・12系(海ナコ)	水窪
098中-099	H6.11.20	入換	157[静]＋ED18 2[静]・オハフ46・トラ90000(海ナコ)	水窪
100上	H7.10.14	9836	157[静]＋オハフ46(海ナコ)	大嵐～水窪
100下	H3.11.23	回9827	157[静]＋12系和式〈ナコ展〉(海ナコ)	小和田
101	H6.10.14	回9821	122[静]＋12系・オハフ17(海ナコ)	中井侍
102上	H4.11.14	9836	122[静]＋12系和式〈ナコ展〉(海ナコ)	伊那小沢
102下,103	H7.10.14	9836	157[静]＋オハフ46(海ナコ)	平岡
104	H9.8.11	回9821	122[静]＋12系・オハフ17(海ミオ)	平岡
105上	H2.11.12	9842	122[静]＋12系和式「いこい」(海ナコ)	為栗～平岡
105下	H4.11.13	9803	122[静]＋12系和式〈ナコ展〉(海ナコ)	平岡～為栗
106	H9.8.9	回9831	157[静]＋12系欧風「ユーロライナー」(海ナコ)・14系(海ミオ)	平岡～為栗
107上	H7.10.7	回9821	157[静]＋12系・オハフ17(海ナコ)	田本～門島
107下	H7.10.7	回9821	157[静]＋12系・オハフ17(海ナコ)	門島
108	H8.10.11	回9821	157[静]＋12系・オハフ17(海ナコ)	門島～唐笠
109上	H5.11.12	試9962	122[静]＋マヤ34(海ナコ)	千代～金野
109下	H2.12.2	9822	157[静]＋12系和式「いこい」(海ナコ)	天竜峡～千代

頁	撮影日	列車番号	車両	撮影場所
110上	H6.10.15	入換	122[静]、12系・オハフ17(海ナコ)	天竜峡
110下	H6.10.15	9823	122[静]＋12系・オハフ17(海ナコ)	天竜峡
111	H9.5.4	9826	157[静]＋オハフ46(海ミオ)	天竜峡
112	H9.5.4	入換	157[静]、オハフ46(海ミオ)	天竜峡
113上	H9.5.4	9823	157[静]＋オハフ46(海ミオ)	天竜峡
113下	H7.10.8	9823	157[静]＋12系・オハフ17(海ナコ)	天竜峡
114	H8.10.12	9823	157[静]＋12系・オハフ17(海ナコ)	天竜峡
115上	H9.8.12	入換	122[静]＋12系・オハフ17(海ミオ)	天竜峡
115下	H9.8.12	9823	122[静]＋12系・オハフ17(海ミオ)	天竜峡
116上	H6.10.15	9823	122[静]＋オハフ17・12系(海ナコ)	川路〜天竜峡
116下	H5.10.10	9827	122[静]＋12系・オハフ17(海ナコ)	川路〜時又
117上	H9.5.4	9826	157[静]＋オハフ46(海ミオ)	時又
117下	H3.4.21	9622	122[静]＋オハフ46・トラ90000(海ナコ)	駄科〜時又
118上	H5.10.10	9826	122[静]＋オハフ17・12系(海ナコ)	駄科〜時又
118下	H7.10.8	9823	157[静]＋12系・オハフ17(海ナコ)	時又〜駄科
119上	H7.10.8	9822	157[静]＋オハフ17・12系(海ナコ)	駄科〜時又
119下	H4.10.21	工9682	122[静]＋チキ52000(海ナコ)	毛賀〜駄科
120,121	H2.11.12	留置	122[静]、12系和式「いこい」(海ナコ)	飯田
122上	H4.11.13	留置	122[静]＋12系和式〈ナコ展〉(海ナコ)	飯田
122下	H4.11.14	留置	122[静]＋12系和式〈ナコ展〉(海ナコ)	飯田
123上	H6.10.14	回9821	122[静]＋12系・オハフ17(海ナコ)	飯田
123下,124上	H7.10.7	回9821	157[静]＋12系・オハフ17(海ナコ)	飯田
124下	H9.8.12	9826	122[静]＋オハフ17・12系(海ミオ)	元善光寺〜伊那上郷
125上	H9.5.4	9826	157[静]＋オハフ46(海ミオ)	元善光寺
125下	H9.5.4	9826	157[静]＋オハフ46(海ミオ)	下市田〜元善光寺
126	H4.10.21	工9682	122[静]＋チキ52000(海ナコ)	市田
127上	H4.10.18	9835	122[静]＋14系(海ナコ)	市田〜下平
127下	H5.10.10	9826	122[静]＋オハフ17・12系(海ナコ)	山吹〜下平
128	H5.10.9	9823	122[静]＋12系・オハフ17(海ナコ)	山吹
129上	H8.10.12	9822	157[静]＋オハフ17・12系(海ナコ)	上片桐〜伊那大島
129下	H3.4.21	9624	157[静]＋オハフ46・トラ90000(海ナコ)	上片桐〜伊那大島
130上	H6.10.15	9823	122[静]＋12系・オハフ17(海ナコ)	上片桐〜伊那田島
130下	H7.10.10	9822	157[静]＋オハフ17・12系(海ナコ)	大沢(信)〜伊那田島
131上	H7.10.7	回9821	157[静]＋12系・オハフ17(海ナコ)	大沢(信)〜高遠原
131下	H9.8.12	9826	122[静]＋12系・オハフ17(海ミオ)	七久保〜高遠原
132上	H12.3.25	単9466	122[静]	七久保〜高遠原
132下,133	H4.10.18	9835	122[静]＋14系(海ナコ)	高遠原〜七久保
134,135	H9.1.25	回9621	122[静]＋オハフ46(海ナコ)	高遠原〜七久保
136	H8.9.28	回9621	157[静]＋オハフ46(海ナコ)	高遠原〜七久保
137上	H3.4.21	9621	122[静]＋オハフ46・トラ90000(海ナコ)	七久保〜伊那本郷
137下	H4.10.18	9835	122[静]＋14系(海ナコ)	七久保〜伊那本郷
138	H9.1.25	回9621	122[静]＋オハフ46(海ナコ)	七久保〜伊那本郷
139	H8.9.28	回9621	157[静]＋オハフ46(海ナコ)	七久保〜伊那本郷
140	H9.12.21	回9721	157[静]＋14系(海ミオ)	七久保〜伊那本郷
141上	H10.12.19	回9821	122[静]＋14系(海ミオ)	七久保〜伊那本郷
141下	H9.8.10	9832	157[静]＋14系(海ミオ)・12系欧風「ユーロライナー」(海ナコ)	伊那本郷〜七久保
142上	H5.10.9	9824	122[静]＋オハフ17・12系(海ナコ)	飯島〜伊那本郷
142下	H6.10.14	回9821	122[静]＋12系・オハフ17(海ナコ)	伊那本郷〜飯島
143上	H9.8.12	9823	122[静]＋12系・オハフ17(海ミオ)	伊那本郷〜飯島
143下	H9.5.4	9823	157[静]＋オハフ46(海ミオ)	伊那本郷〜飯島

頁	撮影日	列車番号	車両	撮影場所
144上	H11.3.20	配9821	157[静]＋ホキ800(海ナコ)	伊那本郷～飯島
144下	H8.10.13	9822	157[静]＋オハフ17・12系(海ナコ)	飯島～伊那本郷
145上	H9.5.4	9826	157[静]＋オハフ46(海ミオ)	飯島～伊那本郷
145下	H6.10.16	9822	122[静]＋オハフ17・12系(海ナコ)	飯島～伊那本郷
146上	H8.10.13	9822	157[静]＋オハフ17・12系(海ナコ)	飯島～伊那本郷
146下	H9.5.4	9826	157[静]＋オハフ46(海ミオ)	飯島～伊那本郷
147上	H8.10.12	9823	157[静]＋12系・オハフ17(海ナコ)	伊那本郷～飯島
147下	H12.3.25	単9466	122[静]	田切～飯島
148上	H12.3.25	単9464	157[静]	田切～飯島
148下	H7.10.7	回9821	157[静]＋12系・オハフ17(海ナコ)	飯島～田切
149上	H4.10.21	工9682	122[静]＋チキ52000(海ナコ)	伊那福岡～田切
149下	H5.10.10	9826	122[静]＋オハフ17・12系(海ナコ)	伊那福岡～田切
150上	H4.10.18	9835	122[静]＋14系(海ナコ)	田切～伊那福岡
150下	H9.3.29	回9621	157[静]＋マヤ34(海ナコ)	田切～伊那福岡
151上	H12.3.25	単9461	122[静]	田切～伊那福岡
151下	H12.3.25	単9463	157[静]	田切～伊那福岡
152	H12.3.25	単9462	157[静]	伊那福岡～田切
153上	H12.3.25	単9463	157[静]	伊那福岡～田切
153下, 154	H4.10.21	単9683	122[静]	伊那福岡
155上	H7.10.7	回9821	157[静]＋12系・オハフ17(海ナコ)	駒ケ根
155下	H4.10.18	9835	122[静]＋14系(海ナコ)	大田切～宮田
156上	H8.10.12	9822	157[静]＋オハフ17・12系(海ナコ)	沢渡～赤木
156下	H6.10.14	回9821	122[静]＋12系・オハフ17(海ナコ)	赤木～沢渡
157上	H7.10.8	9822	157[静]＋オハフ17・12系(海ナコ)	北殿～田畑
157下	H6.10.15	9823	122[静]＋12系・オハフ17(海ナコ)	北殿
158上	H6.10.15	9822	122[静]＋オハフ17・12系(海ナコ)	伊那松島～木ノ下
158下	H7.10.10	9822	157[静]＋オハフ17・12系(海ナコ)	伊那松島～木ノ下
159上	H7.10.7	回9821	157[静]＋12系・オハフ17(海ナコ)	伊那松島
159下	H2.3.22	留置	122[静]	伊那松島運輸区
160	H6.9.24	展示	122[静]、157[静]	伊那松島運輸区
161上中	H6.10.15	留置	122[静]＋オハフ17・12系(海ナコ)	伊那松島運輸区
161下	H7.10.8	留置	157[静]＋オハフ17・12系(海ナコ)	伊那松島運輸区
162	H7.10.10	留置	157[静]＋オハフ17・12系(海ナコ)	伊那松島運輸区
163	H9.1.25	展示	122[静]＋オハフ46(海ナコ)	伊那松島運輸区
164	H9.3.29	展示	157[静]＋マヤ34(海ナコ)	伊那松島運輸区
165	H9.5.4	留置	157[静]＋オハフ46(海ミオ)	伊那松島運輸区
166	H9.8.9	展示	157[静]＋14系(海ミオ)・12系欧風「ユーロライナー」(海ナコ)	伊那松島運輸区
167	H9.12.21	展示	157[静]＋14系(海ミオ)	伊那松島運輸区
168, 169上	H10.12.19	展示	122[静]＋157[静]＋14系(海ミオ)	伊那松島運輸区
169中下	H11.3.20	展示	157[静]＋ホキ800(海ナコ)	伊那松島運輸区
170, 171	H12.3.25	展示	122[静]、157[静]	伊那松島運輸区
172上	H4.10.18	9835	122[静]＋14系(海ナコ)	伊那松島～沢
172下	H2.3.22	9848	122[静]＋12系和式「いこい」(海ナコ)	羽場～沢
173	H2.3.22	単9849	122[静]	羽場
174	H2.3.22	単9849	122[静]	羽場
175	H5.11.12	回9963	122[静]＋マヤ34(海ナコ)	羽場～伊那新町
176上	H5.11.12	試9962	122[静]＋マヤ34(海ナコ)	宮木～伊那新町
176下, 177	H4.10.18	留置	122[静]	辰野

付録2

飯田線運転士携行「運転時刻表」

左表

東 共 達 第2641号（11月26日）　　臨B640仕業
施行 12月 1日.　　豊橋運輸区

下り 回9831	最高速度 75KM/H	速度種別 通客A1	けん引定数 EF58 28.0

運転時分	停車場名	着	発(通)	着発線	制限速度	記事
	豊　橋		16.47	東11	25	(仮)
5.30	船　町	↓	‖			
	下　地	↓	‖			
1	（平井）	↓	52.30		50	
2.30	小 坂 井	↓	53.30		50	
3	牛 久 保	↓	56		70	
5	豊　川	16.59	16.59.30		65	
4	三河一宮	↓	17.04.30		25	
	長　山	08.30	12.30		35	臨2458ﾒ
4.30	江　島	↓	‖			
	東　上	↓	17		25	
3.30	野 田 城	↓	20.30		70	
2.30	新　城	↓	23		70	
	東 新 町	↓	‖			
4.30	茶 臼 山	↓				
	三河東郷	↓	27.30		25	
4	大　海	31.30	34.45		40	臨2626ﾒ
5.30	鳥　居	↓				
	長 篠 城	↓				
5	本 長 篠	↓	17.40.30		70	
	三河大野	↓	45.30		25	
7	湯 谷 温 泉	↓	‖			
	三河横原	↓	52.30		70	
6.30	柿　平	↓				
	三河川合	59	18.08		35	
8	池　場	↓				
	東　栄	18.16	18.18.45		35	628ﾒ

行　路　　　　　注 意 事 項

編A640　EF58　ロ・ロフ 5 12(系)
型 16.0

出勤 15:45　　終了 8:凡

作成 ㊞　照合 ㊞ ㊞ ㊞

右表

東 共 達 第2224号（10月25日）　　臨B728仕業
施行 10月28日.　　豊橋運輸区

下り 工9681	最高速度	速度種別 特 定	けん引定数 (EF58) 28.0

運転時分	停車場名	着	発(通)	着発線	制限速度	記事
2.30	中 部 天 竜	10.27	10.29		40	
11	佐 久 間	↓	31.30		25/35	
	相　月	↓	‖			
5.45	城　西	↓	42.30		35/35	
	向 市 場	↓	‖			
8.45	水　窪	↓	48.15		35/35	
4.30	大　嵐	↓	57		45/45	
	小 和 田	↓	11.01.30		65/65	
10.30	中 井 侍	↓	‖			
	伊 那 小 沢	↓	12		30/45	
6.30	鶯　巣	↓	‖			
	平　岡	↓	11.18.30		45/45	
14.30	為　栗	↓	‖			
	温　田	33	39.15		50/50	臨2644ﾒ
9.45	田　本	↓	‖			
	門　島	49	12.35		45/25	ﾒ 2223ﾒ
15	唐　笠	↓	‖			
	金　野	↓	‖			
	千　代	↓	‖			
	天 竜 峡	12.50	(12.54)		45	

行　路　　　　　注 意 事 項

作成 ㊞　照合 ㊞ ㊞ ㊞

東 共 達 第1777号（ 9月24日）　　臨B841仕業
施行 10月 8日　　　　　　　　豊橋運輸区

下り 回9845	最高速度 75KM/H	速度種別 通客B3	けん引定数 EF58 28.0

運転時分	停車場名	着	発（通）	着線先	制限速度	記事
	中部天竜	17.41	17.52		40	128米
2 30	佐久間	↓	54 30		25/35	
8 30	相　月	↓	‖		35/35	
	城　西		18.03		35/35	
6	向市場	↓	‖			
	水　窪	09	14 15		35/35	2222米
7 45	大　嵐	↓	22		45/45	
5	小和田	↓	27		65/65	
8 30	中井侍	↓	‖		30/45	
	伊那小沢	↓	35 30			
5	鶯　巣	↓	‖			
	平　岡	18.40 30	18.42 30		45/50	2670米
11 30	為　栗	↓	‖		50/50	
	温　田	↓	54		50/50	
8	田　本	↓	‖		45/25	
	門　島	↓	19.02			
	唐　笠	↓	‖			
	金　野	↓	‖			
12	千　代	↓	‖			
	天竜峡	19.14	(19.27)		45	

行　路　　注意事項

回9845

天竜峡　伊那松島臨B840dへ乗り継ぐ。
出先点呼　19:29

作○　照合○○○

東 共 達 第1777号（ 9月24日）　　臨B841仕業
施行 10月 8日　　　　　　　　豊橋運輸区

上り 9822	最高速度 75KM/H	速度種別 通客B3	けん引定数 EF58 28.0

運転時分	停車場名	着	発（通）	着線先	制限速度	記事
	天竜峡	(9.29)	9.33	下本	45	
	千　代	↓	‖			
8 30	金　野	↓	‖			
	唐　笠	41 30	42			
6	門　島	48	48 30		45/35	
10	田　本	↓	‖			
	温　田	58 30	59		50/50	
14	為　栗	↓	‖			
	平　岡	10.13	ATS「切」		50	(無線)終り

行　路　　注意事項

9822
天竜峡　出先点呼　9:09
　伊那松島臨B840d 9822
　（9:29）を乗り継ぐ。
平岡　着線ともに、機関車切離し
　豊橋方へ引上げ、1番着
　田、上本線発力へ連結、
　9823となる。

作○　照合○○○

184

臨 B714 仕業 （左）

東 共 達 第2311号 （11月 1日）
施行 11月12日：
豊橋運輸区

臨 B714 仕業

最高速度	速度種別	けん引定数
上り 試9962　75KM/H	通客B3	EF58　28.0

運転時分	停車場名	着	発(通)	養線先	制限速度	記事
	天 竜 峡	(14.08)	14.10		45	
	千　　代	↓	‖			
15 30	金　　野	↓	‖			
	唐　　笠	↓	‖			
	門　　島	↓	25		45/35	
9 30	田　　本	↓	‖			
	温　　田	↓	35		50/50	
14	為　　栗	↓	‖			
	平　　岡	↓	14.49		50/40	
6 30	鶯　　巣	↓	‖			
	伊那小沢	55 30	15.03		45/65	2603m
9	中 井 侍	↓	‖			
4 30	小 和 田	↓	12		35/35	
8	大　　嵐	↓	16 30		35/55	
	水　　窪	↓	24 30		55/55	
5	向 市 場	↓	‖			
	城　　西	↓	29 30		45/45	
8	相　　月	↓	‖			
2 30	佐 久 間	↓	37 30		45/50 35	2425m
	中 部 天 竜	15.40	15.44		35	

行路	注意事項
臨 便 2721M　天竜峡 10:34 …… 13:38 17:42 (着入5) 試9962 (東)(14.08) 14:10	試9962…… 入換後 伊那小沢B7れを交換く 臨 B71、EF58 マヤ8 1両 前81/3、後85 4.5・

出勤 10:04 終了 18:27　作成 鈴木　照合

臨 B820 仕業 （右）

東 共 達 第3466号 （ 3月 5日）
施行
豊橋運輸区

臨 B820 仕業

最高速度	速度種別	けん引定数
上り 8622　55KM/H	特 定	ED18　28.0

運転時分	停車場名	着	発(通)	養線先	制限速度	記事
	中 部 天 竜	14.49	15.00		35	
10	下 川 合	↓	‖			
	早　　瀬	↓	‖			
	浦　　川	↓	10		50/50	
12	上 市 場	↓	‖			
	出　　馬	↓	‖			
	東　　栄	22	25 30		45	
11	池　　場	↓	‖			
	三 河 川 合	↓	36 30		35/35	
8	柿　　平	↓	‖			
6	三 河 槇 原	44 30	45		40/35	
4 30	湯 谷 温 泉	51	51 30			
6	三 河 大 野	↓	56		45	
	本 長 篠	16.02	16.02 30		45/35	
7 30	長 篠 城	↓	‖			
	鳥　　居	↓	‖			
5	大　　海	↓	10		35/35	
	三 河 東 郷	15	17 45		40/45	
7 15	茶 臼 山	↓	‖			
	東 新 町	↓	‖			
4	新　　城	25	48	下1	35/35	
5	野 田 城	↓	52			
	東　　上	57	17.00 30		45/	
5 30	江　　島	↓	‖			
5	長　　山	06	16	下本	25/35	
	三 河 一 宮	21	24			
6	豊　　川	17.30	17.31		50	
3	牛 久 保	↓	34			
3	小 坂 井	↓	37		45	
	(平 井)	↓	38			
	下　　地	↓	‖			
5 30	船　　町	↓	‖			
	豊　　橋	17.43 30	ATS「切」		旅1 30	(終了)

行路	注意事項
豊橋　中部天竜　水窪 17:43 (入) 14:49 8622 15:00	8622 入区担当 (入区時刻 17:58) 豊　橋 回8622 鴫 入区後　岡両車両所方へ付け替え 作業担当

作成 照合

185

臨B641仕業

東共連 第　号〈 9月26日〉

上り 回9838	最高速度	速度種別	けん引定数
	75KMH	通客B3.	EF58 28.0

運転時分	停車場名	着	発(通)	着発線	制限速度	記事
	中部天竜		8.28	上1	25	(臨)(テスト)
7	下川合	↓	‖			
	早瀬	↓	‖			
	浦川	35	37 45		50/50	指
8 15	上市場	↓	‖			
	出馬	↓	‖			
	東栄	46	51		45/65	指
10	池場	↓	‖			
	三河川合	9.01	03 30		35	
7 30	柿平	↓	‖			
	三河横原	↓	11		40/45	
7	湯谷温泉	↓	‖			
5	三河大野	↓	18		40/45	
	本長篠	↓	9.23		45/45	
6	長篠城	↓	‖			
	鳥居	↓	‖			
4 30	大海	29	35 30		35/35	
	三河東郷	↓	40		40/45	
4	茶臼山	↓	‖			
	東新町	↓	‖			
3 4	新城	↓	44		70/70	
	野田城	↓	47		35/35	
	東上	51	57		70/45	指
3 30	江島	↓	‖			
2 30	長山		10.00 30		70/70	
4	三河一宮		03		70/45	
3 3	豊川	10.07	10.14		50/70	
1	牛久保	↓	17		70	
	小坂井	↓	20		70	
	(平井)		21			
5 30	下地	↓	‖			
	船町	↓	‖			
	豊橋	10.26 30		東1	25	ATS切

臨B641行路

施行　H.8.11.13　伊那松島運輸区

下り　天竜峡	視車／換算	形式	最高速度
9812		EF58	75Km/h

運転時分	停車場名	着	発(通)	着発線	制限速度	記事
	飯田	5.55 15	5.58 30		35	
9 15	切石	↓	‖			
	鼎	↓	‖			
	下山村	↓	‖			
	伊那八幡		6.07 45		40/40	
5 30	毛賀	↓	‖			
	駄科	↓	‖			
	時又	↓	13 15		25	
5	川路	↓	‖			
	天竜峡	6.18 15	(6.20)	下本	25	

注意事項　　　作成　　　照合

　ここに並べた飯田線の「運転時刻表」は、ほんの一例に過ぎないが、それでも見れば、諸々のことがわかってくる。緒言では、飯田線は駅の数が多い、交換駅も多い、と述べている。その交換駅（列車の行き違いが可能な駅）についても、並べた時刻表から、実体を把握することができる。単線区間の豊橋〜辰野間各駅の「発（通）」時刻欄に"‖"印があれば、そこは交換駅ではなく棒線駅である。

　掲載時刻表を頼りに交換駅を書き出してみれば、三河一宮、長山、東上、野田城、新城、三河東郷、大海、本長篠、三河大野、三河横原、三河川合、東栄、浦川、中部天竜、佐久間、城西、水窪、大嵐、小和田、伊那小沢、平岡、温田、門島、天竜峡、時又、伊那八幡、飯田、元善光寺、市田、山吹、伊那大島、上片桐、大沢（信）、七久保、伊那本郷、飯島、伊那福岡、駒ケ根、宮田、沢渡、伊那市、伊那北、北殿、伊那松島、沢、羽場、伊那新町、となる。やはり、飯田線は交換駅が多い。

東共達第2419号（2月26日）　EL組 変B 84仕業
施行 3月14日　　　　　　　　伊那松島運輸区

		最高速度	速度種別	編　成		
下り	単1377M	75KMH	通貨内F7			
運転時分	停車場名	着	発（通）	着線発線	制限速度	記事
	元善光寺		9.48			出
5 15	下市田	‖	‖			
5 30	市　田	53 15	57 30		25	2x4M
5	下　平	‖	‖			
	山　吹	↓	10.03			
7 15	伊那大島	08	19 30			1122M 5272
	上片桐	↓	26 45			
5 30	伊那田島	‖	‖			
	大　沢	↓	32 15			
5 15	高遠原	‖	‖			
4 45	七久保	37 30	40			236M
5	伊那本郷	↓	44 45		35	
	飯　島	↓	49 45			5274
9	田　切	‖	‖			
	伊那福岡	↓	58 45			
5	小町屋	‖	‖			
	駒ヶ根	11.03 45	11.16	上1	25	5276 2722M
6	太田切	‖	‖			
	宮　田	↓	22			
6 15	赤　木	‖	‖			
	沢　渡	11.28 15	11.43	上本	25	
					55	

		最高速度	速度種別	編　成		
下り	8271M	75KMH	通貨内F7			
運転時分	停車場名	着	発（通）	着線発線	制限速度	記事
	沢　渡	11.28 15	11.43	上本		
6 30	下　島	‖	‖			
	伊那市	49 30	53			572M
2 30	伊那北	55 30	12.16	上1	25	5278 243M
6 15	田　畑	‖	‖			
	北　殿	↓	22 15		40	
6 15	木ノ下	‖	‖			
	伊那松島	12.28 30	(12.30 30)			

行　　路	注　意　事　項

作成　　照合

東共達第2396号（11月14日）　EC組 臨B 451仕業
施行 11月17日　　　　　　　　伊那松島運輸区

		最高速度	速度種別	編5系 成		
上り	9834M	85KMH	通電A18	3　B		
運転時分	停車場名	着	発（通）	着線発線	制限速度	記事
	飯　島	18.21	18.30 15			257M
4 30	伊那本郷	↓	34 45		50	
3 15	七久保	↓	38		50	
3 45	高遠原	‖	‖			
	大　沢	↓	41 45		35	
4 15	伊那田島	‖	‖			
	上片桐	46	51 15		40	261M
5 45	伊那大島	↓	57 30		45	
3 30	山　吹	↓	19.01			
4	下　平	‖	‖			
	市　田	05	06			
3 30	下市田	‖	‖			
	元善光寺	09 30	20 15			3525M
	伊那上郷	↓	‖			
6 15	桜　町	‖	‖			
	飯　田	19.26 30	19.35 15			263M
2 45	切　石	38	39			
	鼎	‖	‖			
5 30	下山村	‖	‖			
	伊那八幡	↓	44 30		40	
5 30	毛　賀	‖	‖			
	駄　科	‖	‖			
	時　又	50	55 15			223M
4 15	川　路	‖	‖			
	天竜峡	19.59 30	(20:10)		25	

行　　路	注　意　事　項

作成　　照合

東共達第113号（7月24日）	EC組		臨B461仕業			
施行 8月8日			伊那松島運輸区			
	最高速度	速度種別	編成			
上り 9834M	75KM/H	特定	1M			
運転時分	停車場名	着	発(通)	着線発	制限速度	記事
	伊那松島		12.48			出
4 30	木ノ下	‖	‖			
	北殿	↓	52 30			
4 30	田畑	‖	‖			
2	伊那北	↓	57			回
	伊那市	59	13.03		40	245
5 30	下島	‖	‖			
	沢渡	↓	08 30			
5	赤木	‖	‖			
	宮田	↓	13 30			運
5	太田切	‖	‖			
	駒ケ根	13.18 30	13.42	上1		39 23 240M
4	小町屋	‖	‖			
	伊那福岡	46	46 30			
8 15	田切	‖	‖			
	飯島	54 45	56 30			247
4 45	伊那本郷	↓	14.01 15		50	
4	七久保	14.05 15	14.08		50	5275

行路	注意事項
天竜峡　9834M　伊那松島　9835M	●9834M 途中乗降 17.イン ● 〃 WC停車 キリ.11 ● 〃 ママ～コマ 回送扱い

作成　照合

手NA1547

東共達第82号（9月28日）	EL組		臨B640仕業			
施行 10月2日			伊那松島運輸区			
	最高速度	速度種別	けん引定数			
上り 単9866	75KM/H	通客B3	EF58			
運転時分	停車場名	着	発(通)	着線発	制限速度	記事
	辰野		6.18			上本
4 15	宮木	‖	‖			
3	伊那新町	↓	22 15		35	
3	羽場	↓	25 15			
4	沢	↓	28 15			
	伊那松島	6.32 15	———			人

行路	注意事項
	車券省略

作成　照合

186頁より

　185頁の上り8622列車の時刻表では湯谷温泉に"‖"印が無く、187頁の上り9834M列車の時刻表も切石に"‖"印が無いが、この二例は客扱い停車ゆえの発時刻記入である。他の時刻表では、湯谷温泉、切石ともに"‖"印があり、棒線駅ということがわかる。

　なお、書き出した交換駅は、あくまでもEF58が走っていた昔のこと。令和3年の今、佐久間、城西、小和田、山吹、沢の各駅は棒線化されている。

　"昔"といえば、伊那松島運輸区の「運転時刻表」上端には、"EC組"または"EL組"との文字が見られ、貨物列車の運転があった時代のものということがわかる。187頁の下り単1377列車・下り8271列車および189頁の上り5270列車が、JR貨物からの運転業務受託の仕業である。列車番号の尻に"M"が記されているのは、まあ誤記であろう。

東共達第３４１号（２月２４日）EL組　B　84仕業

施行　3月14日　　　　　伊那松島運輸区

		最高速度	速度種別	編　成		
上り	5270M	75KM/H	通貨丙F7			

運転時分	停車場名	着	発（通）	着線発	制限速度	記事
	辰　野		5.36	上2		⊕
4 15	宮　木	〃	〃			
3 15	伊那新町	↓	40 15		35	
3 30	羽　場	↓	43 30			
4	沢	↓	47			東371
	伊那松島	5.51	5.54			222
6	木ノ下	〃	〃			
	北　殿	↓	6.00			
6	田　畑	〃	〃			
2	伊那北	↓	06			
	伊那市	↓	08		40	
7	下　島	〃	〃			
	沢　渡	15	22			223
7	赤　木	〃	〃			
	宮　田	29	35			225
6	太田切	〃	〃			
	駒ヶ根	6.41	7.11	上1	25	223 127
5	小町屋	〃	〃			
	伊那福岡	16	20 30			229
8 30	田　切	〃	〃			
	飯　島	↓	29			
6	伊那本郷	35	39		50	533
6	七久保	7.45	8.03	上1	35	226 231
4 45	高遠原	〃	〃			
	大　沢		07 45		35	
5 30	伊那田島	〃	〃			
7	上片桐	13 15	16		40	293
	伊那大島	↓	23		45	
4 30	山　吹	↓	27 30			
5 30	下　平	〃	〃			
	市　田	33	36 15			235
5	下市田	〃	〃			
	元善光寺	8.41 15	══			

行　路	距離	注　意　事　項

作成　照合

参考文献

• 『飯田線ろまん100年史』(東海旅客鉄道㈱飯田支店監修、新葉社刊)

• 『保存版・飯田線の60年――三遠南信・夢の架け橋』(白井良和解説、郷土出版社刊)

• 『飯田線1897〜1997』(吉川利明著、東海日日新聞社刊)

• 『飯田線 各駅停車の旅』(水野宏史編集・発行)

• 『日本国有鉄道の車掌と車掌区』(村上心著、成山堂書店刊)

• 『停車場変遷大事典 国鉄・JR編 II』(石野哲編集、JTB刊)

• 『EF58ものがたり(上・下)』(鉄道ファン編集部編、交友社刊)

所澤秀樹（しょざわ・ひでき）

交通史・文化研究家。旅行作家。1960年東京都生まれ。神戸市在住。日本工業大学卒業。

著書：『鉄道時刻表の暗号を解く』、『「快速」と「準急」はどっちが速い？ 鉄道のオキテはややこしい』、『鉄道フリーきっぷ 達人の旅ワザ』、『日本の鉄道 乗り換え・乗り継ぎの達人』（以上、光文社新書）、『鉄道会社はややこしい「相互直通運転」の知られざるからくりに迫る！』（第38回交通図書賞受賞）、『青春18きっぷで愉しむ ぶらり鈍行の旅』『鉄道地図は謎だらけ』、『旅がもっと楽しくなる 駅名おもしろ話』（以上、光文社知恵の森文庫）、『時刻表タイムトラベル』（ちくま新書）、『鉄道地図 残念な歴史』（ちくま文庫）、『鉄道手帳』（2009年版〜2021年版）、『鉄道の基礎知識［増補改訂版］』、『国鉄の基礎知識』、『東京の地下鉄相互直通ガイド』（共著）、『EF58 国鉄最末期のモノクロ風景』（以上、創元社）、など多数。

飯田線のEF58
いいだせん　いーえふ

2021年7月20日　第1版第1刷発行

著　者	所澤秀樹
発行者	矢部敬一
発行所	株式会社 創元社

〈ホームページ〉https://www.sogensha.co.jp/
〈本社〉〒541-0047 大阪市中央区淡路町4-3-6
Tel.06-6231-9010㈹
〈東京支店〉〒101-0051 東京都千代田区神田神保町1-2 田辺ビル
Tel.03-6811-0662㈹

印刷所……………図書印刷株式会社

©2021 Hideki Shozawa, Printed in Japan
ISBN978-4-422-24103-6 C0065

本書の感想をお寄せください
投稿フォームはこちらから ▶▶▶▶